Sabine Starzer

Geomorphologie. Schulwandertag "Rund um den Traunstein"

GRIN Verlag

Bibliografische Information der Deutschen Nationalbibliothek:

Die Deutsche Bibliothek verzeichnet diese Publikation in der Deutschen National-
bibliografie; detaillierte bibliografische Daten sind im Internet über http://dnb.d-
nb.de/ abrufbar.

Impressum:

Copyright © 2013 GRIN Verlag GmbH
Druck und Bindung: Books on Demand GmbH, Norderstedt Germany
ISBN: 978-3-656-54774-7

Dieses Buch bei GRIN:

http://www.grin.com/de/e-book/265303/geomorphologie-schulwandertag-rund-
um-den-traunstein

UNIVERSITÄT WIEN
INSTITUT FÜR GEOGRAPHIE UND REGIONALFORSCHUNG

Schulwandertag rund um den Traunstein

Semesterarbeit

Proseminar Geomorphologie

Wien, am 25. Juli 2013

Mag. Sabine Starzer

Inhalt

1. Einleitung

Der Traunstein ist ein weithin sichtbarer Kalkstock im Bezirk Gmunden, Oberösterreich. Er liegt malerisch am Traunsee, dem tiefsten See Österreichs, und bietet Wanderern zahlreiche wunderschöne Panoramablicke. Als gebürtige Welserin gehört der Traunstein für mich seit jeher zum gewohnten Blick aus dem Fenster. Mehrmals habe ich den Berg bereits auf verschiedenen Routen bestiegen, was wegen der teils sehr ausgesetzten Klettersteige eine zwar äußerst attraktive, aber nur für schwindelfreie Bergsteiger/innen mit halbwegs guter Kondition empfehlenswerte Unternehmung darstellt.

Es gibt allerdings am Traunstein auch eine besonders lohnenswerte Tour, die bereits für Kinder gut geeignet ist. Man steigt nicht zum Gipfel auf, sondern umrundet den Berg auf geologisch und biologisch interessanten Wanderwegen inklusive einer sehr kurzen, felsigen und gut gesicherten Kletterpassage. Ich selbst unternahm als Schülerin mit 13 oder 14 Jahren mit meiner Klasse diese Wanderung im Rahmen eines Ganztagswandertags.

Deshalb wählte ich diese Route für die vorliegende PS-Arbeit. Zur landschaftlichen Schönheit und abwechslungsreichen Geologie und Geomorphologie von Traunstein und Traunsee kommt seit einigen Jahren noch eine zwar für die Betroffenen höchst dramatische, für Besucher/innen aber sehr lehrreiche Tatsache: Der Gschliefgraben am nördlichen Traunstein-Abhang rutschte 2007/08 stark ab. Dieser Hangrutsch dominierte viele Tage die Medien und ist vor allem den Schülerinnen und Schülern aus dem Umland noch sehr geläufig.

Oberhalb des Gschliefgraben führt die Wanderung zum Laudachsee, einem Überbleibsel des Laudachgletschers aus der Würmeiszeit mit gut sichtbaren Moränenwällen. Nach der Überschreitung der Hohen Scharte mit kurzer Kletterei und Vor-Ort-Besichtigung von Verkarstungsprozessen (Karren) geht es abwärts zur Mairalm, vorbei an schroffen Kalkwänden. Entlang des Lainaubaches mit seinen Riffles und Pools geht es zurück zum Traunseeufer, wo sich die Entstehung dieses Trogtal- bzw. Zungenbeckensees durch glaziale Überprägung anschaulich erklären lässt.

2. Geographischer und geologischer Überblick

Der Traunstein (1691 m) liegt am Ostufer des Traunsees im Bezirk Gmunden in Oberösterreich. Er gehört zu den Nördlichen Kalkalpen und ragt schroff in die Landschaft. Hier, im Einzugsgebiet des Flusses Traun, reichten die Eiszeitgletscher bis zum Gebirgsrand. Die Endmoränen des Gletschers stauten den Traunsee auf, der neben dem ebenfalls im Salzkammergut gelegenen Attersee ein typischer Alpenrandsee umgeben von deutlichen Moränenkränzen ist (SCHADLER 1960: 104). Die mehr oder weniger isolierte Position des Kalkstocks ist das Ergebnis einer tektonischen Störung, der sogenannten „Traunstörung". Nach Schadler liegt eine Querstörung im Gebirgsbau vor: Während „...am Westufer die zu engen Schuppen gestauchten Schichten der ... Langbathscholle am Seeufer aus[streichen] und ...rechtwinkelig an der Traunstörung abstoßen", erscheinen „... am Ostufer hingegen, jenseits der Störung, entlang dieser die Schichtstöße mitgeschleppt und nach Norden vorgeschoben". (SCHADLER 1960: 105). Aufgrund der besonderen Lage des Berges gilt er bei der oberösterreichischen Bevölkerung als „Wächter des Salzkammerguts".

Aufgebaut ist der Traunstein vorrangig aus Wettersteinkalk. Dieser stammt aus der Zeit der Trias vor rund 250 Millionen Jahren, als der heutige Alpenraum zunächst eine heiße Wüstenlandschaft bedeckt mit Verwitterungsschutt war und dann vom Tethys-Meer überflutet wurde. Dank Nährstoffreichtum und einem hohen Lichtangebot im Schelfbereich des tropisch warmen Meeres kam es zu einer großen Kalkproduktion und zu über 2000 m dicken Kalksedimenten (KRENMAYR 2002: 39).

Nördlich des Traunsteins schließt sich mit dem fast 1000 m hohen Grünberg die Flyschzone an. Kalkalpen und Flyschzone sind durch den etwa einen Kilometer breiten sogenannten Gschliefgraben getrennt, einem geologisch sehr instabilen Gebiet, das schon vom Namen her auf massive Rutschungen schließen lässt: „gschlief" ist das mittelbairische Wort für „schleifen" oder „rutschen". (WEIDINGER 2009: 195). Es handelt sich um eine Antiklinale bzw. einen durch tektonische Bewegungen entstandenen Aufbruch, der „... im Laufe von Jahrmillionen weiche Tonmergel der Oberkreide (...) sowie Glaukonitsandsteine und Nummulitenkalke des Tertiärs an die Geländeoberfläche brachte; daraus entstand durch jahrtausendelange Erosion in und nach den Eiszeiten der ... Gschliefgraben" (WEIDINGER 2009: 195). Seit dem 15. Jahrhundert sind im Gschliefgraben große Erdrutsche dokumentiert, die immer wieder Häuser, Grundstücke und Felder in den Traunsee schoben. Der letzte Hangrutsch datiert aus dem Jahr 2007/08.

Geographisch zwischen Grünberg und Traunstein und auf 894 m Seehöhe liegt der Laudachsee. Der glasklare Bergsee mit Trinkwasserqualität ist ein beliebtes Ausflugsziel nicht nur für Wanderer und

Gehzeit vom Besprechungspunkt 4 bis zum Besprechungspunkt 5 (Mairalm):

Horizontaldistanz:	1.000 m	1000 / 4000 = 0,3 h
bergab:	300 m	300 / 650 = 0,4 h

gesamt: 0,7 h bzw. 43 min

Gehzeit vom Besprechungspunkt 5 bis zum Besprechungspunkt 1 (Start bzw. Ziel):

Horizontaldistanz:	5.400 m	5400 / 4000 = 1,4 h
bergauf:	30 m	30 / 350 = 0,1 h
bergab:	410 m	410 / 650 = 0,6 h

gesamt: 2,1 h bzw. 124 min

Gesamtgehzeit Wanderung rund um den Traunstein:

1,2 h + 1,5 h + 0,8 h + 0,7 h + 2,1 h = 6,3 h bzw. 375 min

Die nach dieser Berechnung zu veranschlagende Gesamtgehzeit inklusive kurzer 5-10-minütiger Pausen beträgt **6 Stunden und 15 Minuten.**

> *Anmerkung: Aus eigener Erfahrung infolge eines entsprechenden Schulwandertags als 13- oder 14-jährige Schülerin ist die reine Gehzeit von halbwegs konditionsstarken Kindern in rund fünf Stunden zu schaffen.*

Weiters werden an den Besprechungspunkten 3 (Laudachsee) und 5 (Mairalm) größere Pausen mit Jausen- bzw. Einkehrmöglichkeit von jeweils einer Stunde eingehalten (am Laudachsee kann auch kurz gebadet werden).

Inklusive aller Pausen ergibt sich für den Ganztagswandertag eine Zeitdauer von 8 Stunden und 15 Minuten.

6. Tagesplanung und Erläuterung der Besprechungspunkte

Wir starten die Wanderung am Bus- und PKW-Parkplatz beim Gasthaus Hois´n am Traunsee-Ostufer und genießen einen Panoramablick auf den Traunsee.

Abb. 3: Blick von Gmunden auf Traunsee und Traunstein sowie Grünberg. Quelle: traunsee.salzkammergut.at

6.1 Traunsee und Traunstein: Trogtal, Zungenbeckensee, tektonische „Traunstörung"

Der Traunsee ist der tiefste See Österreichs (191 m). Er entstand beim Rückzug des Traungletschers, dessen Endmoränen das verbleibende Wasser aufstauten. Die gesamte Seenlandschaft des Salzkammerguts, zu der auch der Traunsee zählt, ist das Produkt eiszeitlicher Gletscher. Während des Pleistozäns, das vor rund 2 Millionen Jahren begann und vor rund 12.000 Jahren endete, ereigneten sich wahrscheinlich knapp zwanzig Eiszeiten (Glazialen) unterbrochen von wärmeren Perioden (McKNIGHT et al. 2009: 712). Mehr als die Hälfte Europas war während der Glazialen von Eis bedeckt. Während der vier jüngsten Glazialen Günz, Mindel, Riß und Würm war das Salzkammergut jeweils vom Traungletscher bis zum Alpenrand und teilweise darüber hinaus erfüllt (VAN HUSEN 2003: 215). Die gut sichtbare Endmoräne am Traunsee stammt aus der Würm-Eiszeit.

Der Traungletscher, der ein verzweigtes Eisstromnetz gebildet hatte, überformte das Gebiet des heutigen Traunsees. Durch Erosion im Zungenbereich des Gletschers, also durch Abtragung von Gesteinsmaterial am Talboden sowie an den Seiten, entstand ein fjordartiges Trogtal. Diese für glazial überprägte Landschaften typische U-förmige Talform hat steile Wände und einen flachen, meist mit

Sedimenten bedeckten Talboden. Das an der Gletscherbasis vorhandene Wasser führte auch zu einer ausgeprägten Tiefenerosion. Auf diese Weise bildete sich eine Wanne, die auch „übertieftes Becken" genannt wird (VAN HUSEN 2003: 216). Die Wanne war einige hundert Meter tiefer als das heutige Bodenniveau und ist nun teilweise mit Sedimenten aufgefüllt und mit Seewasser bedeckt.

Wir wenden nun unseren Blick zum markanten Traunstein am Ostufer des Traunsees.

Die mehr oder weniger isolierte Position des Kalkstocks ist das Ergebnis einer tektonischen Störung, der sogenannten „Traunstörung" (siehe Kapitel 2 dieser Arbeit). Ganz allgemein ist die Gebirgsbildung ein Ergebnis der Bewegungen der Erdkruste, auch Tektonik genannt. Gestein, das großem Druck ausgesetzt ist, kann sich verbiegen, man spricht von einer Faltung (McKNIGHT et al. 2009: 564). Während manche Gesteinsfaltungen nur wenige Zentimeter umfassen, erstrecken sich andere über viele Kilometer. Aufgrund unterschiedlicher Beschaffenheit von Gesteinsschichten können Auffaltungen sehr komplex und ungleichmäßig sein, es kann auch zu Brüchen kommen. Der Traunstein besteht großteils aus Wettersteinkalk – wir werden dieses Material im Zuge unseres Wandertages noch aus nächster Nähe betrachten und befühlen können.

6.2 Gschliefgraben: Tektonisches Fenster, Massenbewegung

Wir wandern vom Parkplatz Hois´n über eine asphaltierte Straße steil bergauf, bis wir zu einem Jungwald kommen. Gleich danach befinden wir uns unvermutet mitten im geröllübersäten Gschliefgraben und erleben hautnah das Ergebnis eines ungeheuren Hangrutsches.

Im Frühling 2006 geriet der Hang erstmals seit hundert Jahren nach Regen und Schneeschmelze in Bewegung. Ende 2007 rutschte der Erdstrom bereits mit 4,5 m pro Tag Richtung Traunsee, die Häuser am Ufer mussten evakuiert werden.

Abb. 4: Der Gschliefgraben nach dem Hangrutsch 2007/2008. Quelle: www.salzi.at

Der Gschliefgraben ist aus geomorphologischer Sicht eine so genannte Antiklinale. Das bedeutet, dass sich dieses Gebiet trotz der irreführenden Bezeichnung „Graben" auffaltet. Es handelt sich um ein tektonisches Fenster aus dem so genannten Ultrahelvetikum, einem Abschnitt der Erdgeschichte aus der Trias- und Jurazeit. Durch tektonische Bewegungen der Erdkruste sowie durch Erosion über Millionen von Jahren kamen die Gesteinsfolgen aus dem Ultrahelvetikum an die Oberfläche und bilden heute eine Trennlinie zwischen den Flyschgesteinen des Grünbergs und dem Kalk des Traunsteins (WEIDINGER 2009: 196).

Die bis heute andauernden tektonischen Bewegungen sowie die Besonderheiten der Gesteinsfolgen sind die Grunddispositon, die den Gschliefgraben für immer wieder kehrende Massenbewegungen anfällig machen. Hinzu kommt als variable Disposition der Porenwasserdruck im Hang, der durch das Versickern von Regen- und Schmelzwasser steigt. Außerdem trug auch der Mensch im Lauf der Jahrhunderte durch extensive Holzkahlschlagwirtschaft dazu bei, den Hang immer wieder zu destabilisieren (WEIDINGER 2009: 198). Wenn dann noch Ereignisse wie Starkregen hinzukommen, beginnt der Hang großflächig zu rutschen, wie er dies historisch belegt rund alle hundert Jahre tut. Dennoch ist der Gschliefgraben bis heute ein beliebtes Siedlungs- und Bewirtschaftungsgebiet.

Wir besichtigen die 2008 im Zuge des jüngsten verheerenden Hangrutsches installierte Wildbach- und Lawinenverbauung, die die Schlamm- und Geröllmassen schließlich zum Stillstand brachten. Dort, wo früher ein komfortabler Wanderweg war, bahnen wir uns nun leicht bergauf unsere Route über das Geröll, bis wir am Kamm die Forststraße erreichen. Dieser folgen wir nun in Richtung Laudachsee.

6.3 Laudachsee: Gletscherkar , Moränenwälle, Gehängebreccie

Abb. 5: Der Laudachsee. Foto: Hilde und Willi Senft, www.austria-lexikon.at

Der Laudachsee ist ein glasklarer, 26 m tiefer Bergsee mit teilweise leicht moorigen Ufergebieten. Er liegt eingebettet zwischen Traunstein und Katzenstein im Gletscherkar des Laudachgletschers aus der

Würmeiszeit (ROGL 1989: 430). Ein Kar ist ein „breit ausladendes Amphitheater" (McKNIGHT et al. 2009: 826), das im Kopfbereich eines Gletschertales im Zuge von Erosionsprozessen ausgekehlt wurde. Am nördlichen heutigen Seeufer sind deutlich Moränenwälle zu erkennen.

Westlich des Laudachsees befindet sich ein Breccienrücken aus Gehängebreccie. Es handelt sich um Erosionsreste aus dem Quartär. Dieses Gestein besteht am Laudachsee vorwiegend aus verkitteten kantigen Komponenten aus hellem Wettersteinkalkschutt und ist im Unterschied zu Gehängebreccien weiter östlich wesentlich kompakter und feinkörniger (ROGL 1989: 430). Es dürfte sich dabei um Reste eines ehemaligen Schuttstroms (Reißete Schütt) aus der Zeit der Interglaziale zwischen Mindel und Riß handeln.

Nach Besprechung und Besichtigung des Laudachsees legen wir eine einstündige Erholungspause am Seeufer ein. Es ist Zeit für eine Jause, die auch in der dortigen Hütte eingenommen werden kann. Wer möchte, kann sich im klaren Wasser des Laudachsees erfrischen und mit etwas Glück Krebse beobachten.

6.4 Hohe Scharte: Kalk und Karst

Gestärkt wenden wir uns nun nach Südosten und steigen auf dem markierten Weg 410 steil durch den Wald und schließlich über eine etwas ausgesetzte, aber mit Seilen gut gesicherte Felspassage zur Hohen Scharte auf, dem höchsten Punkt unserer Wanderung auf 1.100 m Seehöhe.

Der Felssteig bietet Anschauungsmaterial aus erster Hand zu Verwitterungs- und Verkarstungsprozessen von Kalkstein. Der Traunstein besteht zum Großteil aus Wettersteinkalk aus Sedimenten des Schelfgebietes des Urmeeres Tethys, das vor 250 Millionen Jahren den heutigen Alpenraum bedeckte (KRENMAYR 2002: 39).

Das Sedimentgestein Kalk besteht in der Hauptsache aus Calciumcarbonat, das in Verbindung mit Säuren unter Bildung von Hydrogencarbonat leicht reagiert (McKNIGHT et al. 2009: 657). Sehr verbreitet ist die Kohlensäureverwitterung, bei der im Regenwasser enthaltenes Kohlendioxid mit dem Calciumcarbonat zu Calciumhydrogencarbonat wird und Lösungsprozesse in Gang gesetzt werden. Es bilden sich typische Karstformen aus, etwa Dolinen, Schlucklöcher und unterirdische Höhlen. Im oberen Teil der Felspassage zur Hohen Scharte sind deutlich Karren zu erkennen. Diese Rillen und Klüfte im Fels sind Kleinformen von Verkarstungsprozessen, die durch die Lösungsverwitterung entstehen.

6.5 Mairalm, Lainaubach: Riffles und Pools

Nachdem wir den höchsten Punkt der Wanderung erreicht haben, geht es steil hinunter in den Lainaugraben, wo wir bald wieder in bewaldetes Gebiet kommen. Wir folgen einer schattigen Forststraße zur idyllisch gelegenen Mairalm. Hier legen wir wieder eine einstündige Pause ein, um uns vom steilen Auf- und Abstieg zu erholen. Wer möchte, genießt ein Glas Buttermilch in der Almhütte.

Nach der Pause wandern wir auf der sanft abfallenden Forststraße dem Lainaubach entlang hinunter zum Traunseeufer.

Der Lainaubach weist wie die meisten Gebirgsbäche sowohl seichtere Strecken mit schnell fließendem Wasser als auch tiefere Strecken mit langsamer fließendem Wasser auf. Erstere sind so genannte „Riffles" bzw. Untiefen, letztere „Pools" bzw. Kolke (AHNERT 1996: 203). Riffles und Pools wechseln sich ab. Diese Riffle-Pool-Sequenzen ergeben sich aus der Strömung und aus Sanden und Schottern, die der Fluss ablagert. Dabei treten Turbulenzen auf, die sowohl senkrecht, horizontal oder helikal (schraubenförmige Drehbewegung) zur Fließrichtung liegen und die Energie, die für den Transport des Materials sowie für Erosionsprozesse gebraucht wird, verstärken oder abschwächen (AHNERT 1996: 203).

Am Traunseeufer angekommen, wandern wir den Miesweg direkt am Ufer entlang zum Ausgangspunkt zurück.

Abbildungsverzeichnis

Abb. 1: Kartenausschnitt (ÖK50 /AMap Fly) im Maßstab 1:30.000 mit eingezeichneter Wanderroute rund um den Traunstein. Quelle: ÖK 50 in digitaler Form (AMap Fly), Kartendatum: WGS 84

Abb.2: Höhenprofil Wanderung rund um den Traunstein. Quelle: Autorin

Abb. 3: Blick von Gmunden auf Traunsee und Traunstein sowie Grünberg. Quelle: traunsee.salzkammergut.at

Abb. 4: Der Gschliefgraben nach dem Hangrutsch 2007/2008. Quelle: www.salzi.at

Abb. 5: Der Laudachsee. Foto: Hilde und Willi Senft, www.austria-lexikon.at

Literaturverzeichnis

Ahnert, F. (1996): Einführung in die Geomorphologie. Ulmer, Stuttgart.

Bundesamt für Eich- und Vermessungswesen: ÖK 50. AMap Fly, Kartendatum: WGS 84

http://www.salzi.at (20.7.2013)

http://traunsee-salzkammergut.at (20. 7. 2013)

Krenmayr, H.G. [Hrsg.] (1999): Rocky Austria. Eine bunte Erdgeschichte Österreichs. Geologische Bundesanstalt, Wien.

McKnight, T.; Hess, D. (2009): Physische Geographie. 9. aktualisierte Auflage. Pearson Education, München.

Munter, W. (1988): Bergsteigen 1, Bergwandern und Felsklettern. Hallwag, Bern.

Rogl, C. (1989): Bericht 1989 über geologische Aufnahmen des Gebietes zwischen Laudachsee und Almtal auf Blatt 67 Grünau im Almtal. Jahrbuch der Geologischen Bundesanstalt Wien, Vol. 133 (3), 429-430.

Schadler, J. (1960): Das Traunsee-Ostufer und die geplante Straße durch die Traunsteinwand - Landschaft und Geologie. Oberösterreichischer Musealverein – Gesellschaft für Landeskunde, 104-111.

Senft, H. (et al): Laudachsee. www.austria-lexikon.at (20.7.2013)

Van Husen, D. (2003): Als unsere Seen Gletscher waren. Die eiszeitliche Entwicklung im Salzkammergut. In: Weidinger, J.T.; Lobitzer, H., Spitzbart, I. [Hrsg.] (2003): Beiträge zur Geologie des Salzkammerguts. Gmundner Geo-Studien 2. Gmunden, Erkudok-Institut Museum Gmunden. 215-222.

Weidinger, J. (2009): Das Gschliefgraben-Rutschgebiet am Traunsee-Ostufer (Gmunden/OÖ) – Ein Jahrtausende altes Spannungsfeld zwischen Mensch und Natur. Jahrbuch der Geologischen Bundesanstalt Wien, Band 149 (1), 195-206.